编 者 名 单

主　编　郑蔚然　杨瑜斌　程　序　莫云彬

副主编　王　驰　雷　玲　李勤锋　陈丹霞　周琳娜
　　　　张小琴

参编人员（按姓氏笔画排序）

丁　野　于国光　王夏君　王琴霞　王新路

毛玲荣　叶真逍　冯云芬　冯国忠　刘　琳

江　鑫　杨　晨　肖　鸣　余琼阳　张美钰

陈　敏　林　怡　明　珂　钱文婧　徐春燕

徐珂音　高　健　唐兴国　颜映菡　潘　琪

绿色食品温岭西瓜
标准化生产技术手册

郑蔚然　杨瑜斌　程　序　莫云彬　主编

中国农业出版社

北　京

前　言

　　"千点红樱桃，一团黄水晶。下咽顿除烟火气，入齿便作冰雪声。"南宋诗人文天祥在《西瓜吟》中生动地展现了西瓜的清凉解暑，让人垂涎欲滴。西瓜作为夏季消暑佳品，其种植历史可追溯至非洲东北部，并随着人类文明交流逐步传播至全球。我国种植西瓜始于唐代，"西瓜"一词最早可追溯到五代时期胡峤所著的《陷虏记》一书，到南宋时期，西瓜在我国开始了大规模种植。

　　西瓜是深受人们喜爱的水果，既有食用价值又有药用价值。据《本草纲目》记载，"（皮）甘、凉、无毒"，具有消烦解暑、清肺润肠的功效。西瓜的瓜瓤富含多种人体必需的维生素以及钾、镁等矿物质。西瓜的瓜瓤、瓜皮、瓜子仁均可入药，实乃药食同源之佳品。随着我国现代农业的发展，在《全国西瓜甜瓜产业发展规划

（2015—2020 年）》（农办农〔2015〕5 号）和国家西甜瓜产业技术体系的支持下，我国各西瓜优势产区依托地域特色形成了具有竞争力的产业集群。为持续推进西瓜产业长足发展，农业农村部制定印发《"十四五"全国种植业发展规划》，提出西甜瓜的发展目标，"到 2025 年，全国西瓜播种面积稳定在 2 300 万亩左右、产量 6 300 万 t 左右，甜瓜面积 600 万亩左右、产量 1 400 万 t，优质西甜瓜面积占比 80%，品牌化营销占比超过 50%，实现周年供应。"

浙江省温岭市属于亚热带季风气候区，气候温和，雨量充沛，光照充足，无霜期长，年平均温度 17.3℃，适宜西瓜种植。温岭市现西瓜种植面积约 2.5 万亩，产值达 2.3 亿元以上，主栽品种有早佳 8424、美都、萌 8030 等。温岭西瓜以果形美、瓤红、松脆、味甜，享誉省内外。2003 年，温岭市被评为"中国大棚西瓜之乡"。2023 年，"温岭西瓜"入选浙江省第二批名优"土特产"百品榜。玉麟牌西瓜作为温岭西瓜的代表，在 2004 年被认定为绿色食品，先后被评为浙江省名牌产品、市民最喜爱的十大品牌农产品，连续 13 年获中国浙江农博会金奖等。

近年来，温岭市立足当前着眼长远，对标对表产业兴农、质量兴农、绿色兴农，以持续增加绿色优质农产品为主攻方向，积极推进绿色食品温岭西瓜的产业发展。《温岭市农业农村"十四五"规划》中，对温岭西瓜产业发展方向做出指示，要求建设绿色化、数字化、品质化大棚西甜瓜高质量发展示范基地，引领全市发展生态高效农业。浙江省农业科学院与温岭市农业农村和水利局在调查、试验、研究和评估的基础上，围绕温岭西瓜绿色化、数字化、品质化发展目标，编写《绿色食品温岭西瓜标准化生产技术手册》一书，以期为温岭西瓜高质量发展提供借鉴。

本手册在编写过程中得到了相关专家的悉心指导，参考了国内有关文献、标准和书籍，在此一并表示感谢。

由于编者水平有限，疏漏与不足之处在所难免，敬请广大读者批评指正。

编者

2025 年 5 月

目　　录

前言

一、温岭西瓜概况 ………………………………………… 1

二、温岭西瓜品种介绍 …………………………………… 3

三、温岭西瓜生产管理措施 ……………………………… 4

（一）产地环境 …………………………………………… 4

（二）基地准备 …………………………………………… 7

（三）品种选择 …………………………………………… 9

（四）育苗管理 …………………………………………… 9

（五）栽培管理 …………………………………………… 13

（六）病虫草害防治 ……………………………………… 19

（七）采收管理 …………………………………………… 26

（八）包装储运 ………………………………………… 32

（九）生产记录 ………………………………………… 33

（十）产品追溯 ………………………………………… 33

四、西瓜生产投入品管理 ………………………………… 35

（一）农资采购 ………………………………………… 35

（二）农资存放 ………………………………………… 37

（三）农资使用 ………………………………………… 38

（四）废弃物处置 ……………………………………… 39

五、附录 …………………………………………………… 40

附录1 农药基本知识 ………………………………… 40

附录2 西瓜相关标准 ………………………………… 43

附录3 西瓜品质要求 ………………………………… 45

附录4 中国西瓜农药最大残留限量（MRLs）………… 55

一、温岭西瓜概况

西瓜是葫芦科西瓜属一年生蔓生藤本植物，形态近似于球形或椭圆形，颜色有深绿、浅绿或带有黑绿条带或斑纹；瓜子多为黑色，呈椭圆形，头尖；茎枝粗壮，有淡黄褐色的柔毛；叶片如纸，呈三角状卵形，边缘呈波状。温岭市是我国设施西瓜"温岭模式"和风靡全国的"麒麟西瓜"的发祥地，也是创造西瓜长季节栽培技术、全国首家西瓜专业合作社、全国首个西瓜品牌，以及追着太阳种西瓜、跨出国门闯世界等多个奇迹的首发地。

温岭西瓜产业的崛起源于 20 世纪 90 年代初，1990 年温岭市农业部门引进了新疆农业科学院吴明珠院士选育的优质西瓜品种早佳（8424）。早佳（8424）品种的引入既改变了温岭西瓜的种植技术，也改变了温岭西瓜产业的发展模式：西瓜从露地栽培到大棚栽培，从无标生产到按标生产，从零星种植到规模种植，从农户单打独斗到"公司＋基地＋农户"的产业化生产与经营模式。2001 年，吴明珠院士到访温岭西瓜基地，对温岭"玉麟"牌西瓜的成功总结了 3 条经验：①依托技术进步，推动西瓜产业转型升级；②制定和执行"玉麟"牌西瓜系列标准，推动"玉麟"牌西瓜标准化生产；③各级政府职能部门支持推广"玉麟"牌西瓜发展，为温岭西瓜走向全国奠定基础。

随着西瓜创新技术、产业化发展模式的大力推广应用，温岭西瓜产业迅猛发展，成为温岭市农民增收致富的一大特色产业。温岭市也从一个在瓜界默默无闻的滨海小城快速跃为"中国大棚西瓜之乡"。温岭麒麟西瓜享有"北有大兴瓜，南有温岭瓜"之美誉。

西瓜作为温岭市的标志性"土特产"，其产业在绿色、健康、环保和可持续发展的生态农业理念引领下，实现了品质与产量的双重飞跃。2008—2024 年，浙江省温岭市玉麟果蔬专业合作社和温岭市吉园果蔬专业合作社经中国绿色食品发展中心核准，均获得绿色食品标志使用权，为温岭市西瓜产业高质量发展发挥了积极作用。如今，温岭西瓜正向着生产"一盘棋"、运销"一条龙"、市场"一张网"的新目标发展。

二、温岭西瓜品种介绍

温岭西瓜以早佳 8424、美都、萌 8030 等为主栽品种，深受消费者喜爱。温岭西瓜品种简介见表 1。

表 1　温岭西瓜品种简介

名称	早佳 8424	美都	萌 8030
特点	果实高圆形，绿皮墨绿条带，果肉深粉红色，质地酥脆爽口，果皮脆	果实圆球至高球形，果皮绿色，覆有墨绿条纹，果肉桃红色，甜而多汁，果皮略硬	果实近圆形，果皮中等绿，条纹清晰，宽度窄，果肉黄色、细嫩松脆，多汁爽口

三、温岭西瓜生产管理措施

（一）产地环境

环境空气质量、农田灌溉水质、土壤质量应符合《绿色食品产地环境质量》（NY/T 391—2021）的要求（表 2 至表 4），土质以肥沃的沙壤土或壤土为好，土壤 pH 以 6～8 为宜。地势高燥、土层深厚疏松，排灌方便。适度规模化种植，设施栽培连片面积 10 亩*以上为宜。不宜选用葫芦科作物连作地块。

---

* 亩为非法定计量单位。1 亩≈667m^2。——编者注

表2 空气质量要求（NY/T 391—2021）

序号	污染物项目	指标		检验方法
		日平均[a]	1h[b]	
1	总悬浮颗粒物/(mg/m³)	≤0.30	—	GB/T 15432
2	二氧化硫/(mg/m³)	≤0.15	≤0.50	HJ 482
3	二氧化氮/(mg/m³)	≤0.08	≤0.20	HJ 479
4	氟化物/(μg/m³)	≤7	≤20	HJ 955

注：a. 日平均指任何一日的平均指标。

b. 1h指任何1h的指标。

表3 农田灌溉水质要求（NY/T 391—2021）

序号	项目类别	指标	检验方法
1	pH	5.5～8.5	HJ 1147
2	总汞/(mg/L)	≤0.001	HJ 694
3	总镉/(mg/L)	≤0.005	HJ 700
4	总砷/(mg/L)	≤0.05	HJ 694
5	总铅/(mg/L)	≤0.1	HJ 700
6	六价铬/(mg/L)	≤0.1	GB/T 7467
7	氟化物/(mg/L)	≤2.0	GB/T 7484

（续）

序号	项目类别	指标	检验方法
8	化学需氧量（COD_{Cr}）/（mg/L）	≤60	HJ 828
9	石油类/（mg/L）	≤1.0	HJ 970
10	粪大肠菌群数[a]/（MPN/L）	≤10 000	SL 355

注：a. 仅适用于灌溉蔬菜、瓜类和草本水果的地表水。

表4 土壤质量要求（NY/T 391—2021）

序号	项目	旱田			水田			检测方法
		pH<6.5	6.5≤pH≤7.5	pH>7.5	pH<6.5	6.5≤pH≤7.5	pH>7.5	NY/T 1 377
1	总镉	≤0.30	≤0.30	≤0.40	≤0.30	≤0.30	≤0.40	GB/T 17141
2	总汞	≤0.25	≤0.30	≤0.35	≤0.30	≤0.30	≤0.40	GB/T 22105.1
3	总砷	≤25	≤20	≤20	≤20	≤20	≤15	GB/T 22105.2
4	总铅	≤50	≤50	≤50	≤50	≤50	≤50	GB/T 17141
5	总铬	≤120	≤120	≤120	≤120	≤120	≤120	HJ 491
6	总铜	≤50	≤60	≤60	≤50	≤60	≤60	HJ 491

注：果园土壤中铜限量值为旱田中铜限量值的2倍。

水旱轮作用的标准值取严不取宽。

底泥按照水田标准执行。

（二）基地准备

1. 消毒

不应选用葫芦科作物连作地块。连作地块宜在栽培前采用水旱轮作、高温闷棚等措施，必要时采用50％氰氨化钙（石灰氮）等对土壤进行消毒。

2. 搭棚

定植前15～30d完成拱棚搭建，宜选用标准钢架连栋大棚，或跨度为6～8m的单栋钢管大棚。大棚布局以南北向为好，棚间距1.2～1.5m，以便操作及通风排湿降温。

3. 翻耕定畦施基肥

定植前15d将土壤翻耕耙匀、定畦，畦宽2.5～3.0m，畦面龟背形，畦高不低于25cm。结合整地施入基肥。每亩施商品有机肥800～1 000kg或充分发酵菜籽饼50～75kg，硫酸钾型三元复合肥30kg、过磷酸钙25kg、硫酸钾15kg，撒施在田地中并耕翻。肥料使用应符合《绿色食品　肥料使用准则》（NY/T 394—2023）的规定。

4. 覆膜

定植前 7d 铺设地膜，可选择黑地膜、黑白双色膜或黑白拼色膜。

（三）品种选择

宜选用优质高产、商品性好、抗逆性强、适合本地栽培，并通过国家登记的品种，如早佳（8424）、美都、萌8030。嫁接栽培时砧木选用亲和力好、抗逆性强、对果实品质无不良影响的葫芦或南瓜品种。不应使用转基因品种。

（四）育苗管理

1. 种子质量

种子应籽粒饱满，纯度≥95％，净度≥99％，水分≤8％，发芽率≥90％。

2. 种子消毒

（1）物理消毒处理技术。采用干热处理法对西瓜种子进行消毒，具体操作为将种子置于恒温箱中在70℃条件下连续干热处理3d。对于大批量种子可采用热水浸种法，将种子装入纱布袋中，在55℃热水中浸泡15～20min，随后迅速转入冷水中冷却5min。注意，用热水处理时温度不得超过 58℃，否则会显著影响种子活力。

（2）化学消毒处理技术。宜使用 2‰ 次氯酸钠溶液浸种 30min 后彻底冲洗。

3. 浸种催芽

种子浸泡 4～8h。洗净种子表面黏液，捞出，沥干水分。将处理好的种子用湿布包好置于 28～30℃ 的条件下催芽至露白，挑出待播。

4. 播种育苗

（1）播种时间。以 12 月上旬至翌年 1 月下旬为宜。

（2）播种方法。播种前穴盘装好基质、浇透底水，滤干后摆入苗床播种，也可播种后摆入。挑选露白的种子播于穴盘中，播种深度 1.0cm，播种时将种子胚根斜向下、种子平放于穴盘小孔中心，用育苗基质覆盖。播后用喷壶喷湿表土，并根据天气情况揭盖地膜、搭建拱棚或添加遮阳网来调节温、湿度。嫁接育苗时，砧木提前播种 7～10d，接穗采用平盘播种。每亩大田用种量 15g。采用营养钵育苗，晴天午后一钵播一粒种子，覆盖 0.5cm 薄土，喷湿。播种完毕，钵上平铺地膜，搭建宽 1.0～1.2m、高 0.8m 的小拱棚，盖好薄膜，加盖覆盖物，密闭大棚。白天保持棚温 25℃，夜温 16℃以上。

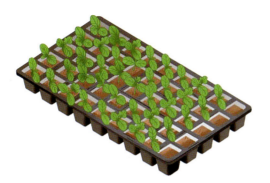

5. 苗期管理

出苗后揭去覆盖物，并逐步降低温度，冬春季白天保持在 20～25℃、夜间宜 16～18℃。子叶展开后可适当升高温度。

6. 嫁接管理

如采用嫁接育苗，嫁接前应对刀片、竹签、夹子等工具用 75％酒精浸泡消毒 30min。宜选用顶插法、劈接法等进行嫁接。嫁接完成后，将穴盘整齐摆放回苗床，控温控湿。覆盖小拱棚薄膜后遮光 3d。苗床温度，白天 26～28℃、夜间 24～25℃，相对湿度保持在 95％左右。嫁接 3d 后早晚见光、适当通风，白天温度保持 22～25℃，夜间温度保持 18～20℃。嫁接 8～10d 后恢复正常管理。

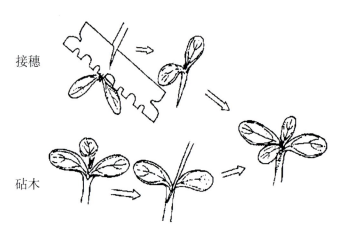

接穗

砧木

7. 壮苗管理

苗高 10～12cm，真叶 2～3 片，苗龄 30～35d，叶色浓绿，子叶完整，节间短粗，根系发达，健壮无病。

（五）栽培管理

1. 定植管理

（1）定植时间。1 月下旬或 2 月上中旬，瓜苗长至 2～3 片叶时定植，定植时 10cm 土层地温应稳定在 12℃以上。

（2）定植密度。长季节栽培每亩定植 250～400 株；非长季节栽培可提高种植密度，每亩定植 500～600 株。

（3）定植方法。定植前先用打钵机在畦中央开种植穴，定植

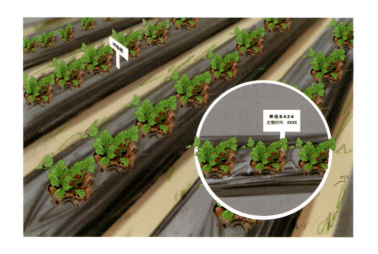

苗根系应携带完整的育苗土，定植深度保持营养土块上表面比畦面稍高；嫁接苗定植应高出畦面 1～2cm。定植后浇定根水，用细土封闭定植孔。

（4）查苗补缺。定植后 1 周内发现死苗，及时补种。

2. 温光管理

定植后缓苗前白天温度 30～32℃，夜间 18～20℃；缓苗后至授粉期间，白天温度 25～28℃，夜间 13～14℃；开花坐果期白天温度 28～32℃，夜间不低于 15℃，适当通风，增加光照。果实膨大期和成熟期棚内白天温度控制在 35℃以下，夜间不低于 18℃。

3. 肥水管理

（1）施肥原则。在施足基肥的基础上，追肥掌握"轻施提苗肥、巧施伸蔓肥、重施膨瓜肥、追肥采瓜肥"的原则。肥料使用应符合《绿色食品　肥料使用准则》（NY/T 394—2023）的规定。

（2）追肥。在施足基肥的基础上看苗追肥，推荐使用水溶性肥。宜在每批瓜坐果后 7～10d 施膨瓜肥。第 1 批瓜采摘后，每亩施高钾低磷复混（合）肥 10kg，用 0.2％～0.3％磷酸二氢钾溶液及微量元素肥料溶液叶面喷施 1～2 次。

（3）水分管理。采用微灌或滴灌的方式。定植期，浇足水；

缓苗期、伸蔓期，适当控制土壤含水量，保持土壤见干见湿，避免过量灌水；开花坐果期严格控制灌水，当土壤墒情影响坐果时，宜在授粉前 7d 灌少量的水；果实膨大期宜适量增加水量，采收前 7～10d 控水。如遇雨涝灾害，及时清沟理墒，排出积水。

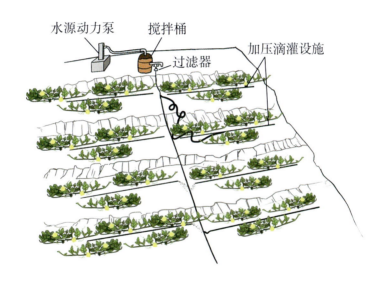

4. 整枝理蔓

采用一主二侧或一主一侧整枝法。主蔓长 60cm 时整枝，每株留主蔓和 1～2 条粗壮侧蔓，剪除基部其他较弱的侧蔓，同时调整爬蔓方向，使瓜蔓在畦面均匀分布，坐果后一般不再整枝。也可采用主蔓打顶二蔓整枝法。当主蔓长出 5～6 片叶时，对西瓜主蔓生长点进行打顶，等到侧枝成形后选留 2 条健壮侧蔓，向两侧平行生长，利用侧蔓结果。嫁接苗应分次整枝，每隔 3～4d 1 次，每次整去 1～2 个侧蔓。

5. 花果管理

（1）坐果。第 1 批瓜选第 2 雌花坐果，中型西瓜每株坐 1 个瓜，小果型西瓜每蔓坐 1～2 个瓜。

（2）授粉。有人工授粉、药物授粉和蜜蜂辅助授粉 3 种授粉方式。人工授粉是选留节位的雌花开放时，采摘刚开花的雄花进行，授粉后做好日期标记；药物授粉是在早春时雄花无花粉的情况下，选用适宜浓度的氯吡脲喷幼瓜，以提高坐果率；蜜蜂辅助授粉是选用中蜂作为授粉蜂群，在西瓜雌花开放前 3～5d 放蜂授粉，根据面积大小确定蜂群数量，宜每亩用一群（箱），对棚内西瓜进行喷药防治时将蜂群撤出大棚，喷药后 2～3d 再搬入大棚放于原位。

（3）疏花留果。中型西瓜每株选留 1 个、小果型西瓜品种每蔓选留 1～2 个果形端正且富有光泽的幼瓜。

（六）病虫草害防治

1. 防治原则

坚持"预防为主，综合防治"的原则。以农业防治、物理防治、生物防治为主，化学防治为辅。从整个生态系统出发，综合运用农业、物理、生态、生物等防治措施，创造不利于病虫害发生和有利于作物生长的环境条件，保持农业生态系统的平衡和生物多样性。

2. 病虫草害

西瓜病害主要有枯萎病、猝倒病、白粉病、炭疽病、疫病、蔓枯病、病毒病；虫害主要有蚜虫、蓟马、烟粉虱、甜菜夜蛾、红蜘蛛；草害主要有阔叶杂草等。

3. 防治措施

（1）农业防治。应优先选用抗病、抗逆性好的品种；培育无病虫害的壮苗；播种前对种子进行消毒处理；实行轮作倒茬；清洁田园，及时清除病枝、病叶、病果；加强棚内通风换气，控制合理的温湿度；科学施肥、合理灌溉等。

（2）物理防治。设黄板诱杀蚜虫、烟粉虱，每亩挂30～40块，当粘虫板上粘满害虫或者失去黏性时及时更换；用频振式杀虫灯诱杀多种害虫成虫；通风口装40目银灰色防虫网可防止蚜虫、红蜘蛛进入设施内。

（3）生物防治。积极保护并利用天敌，如蚜虫发生初期释放瓢虫、食蚜蝇等天敌进行防治；红蜘蛛发生初期释放捕食螨。采用苦参碱、印楝素、藜芦碱等植物源农药和春雷霉素等生物源农药防治病虫害。植保产品选用应符合《绿色食品　农药使用准则》（NY/T 393—2020）的规定。

（4）化学防治。优先选用已在西瓜上登记且符合《绿色食品　农药使用准则》（NY/T 393—2020）规定的农药。根据病虫害的发生情况，适期防治，严格掌握施药剂量（或浓度）、施药次数和安全间隔期，建议交替轮换使用不同作用机理的农药品种。西瓜主要病虫草害防治推荐用药见表5。施药人员施药时应穿防护服，施药完毕应立即设置警示标示牌。警示标示牌应标注所施药剂名称、施药剂量、施药人员和施药时间等信息。

表 5 西瓜主要病虫草害防治推荐用药

防治对象	农药种类	使用剂量	防治方法
枯萎病	70%噁霉灵 SP	1 400～1 800 倍液	发病前或发病初期灌根使用。每季作物最多使用 3 次，安全间隔期为 3d
	5%氨基寡糖素 AS	50～60mL/亩	发病初期喷雾使用
	4%嘧啶核苷类抗菌素 AS	200～400 倍液	发病前或发病初期灌根使用
猝倒病	0.4%噁菌·噁霉灵 GR	10～15kg/亩	播种或移栽前穴施，每季最多使用 1 次
白粉病	80%硫黄 WG	233～267g/亩	发病前或发病初期喷雾使用
	25%吡唑醚菌酯 SC	30～40mL/亩	发病前或发病初期喷雾使用。每季最多使用 3 次，安全间隔期为 7d
	40%苯甲·嘧菌酯 SC	30～40mL/亩	发病前或发病初期喷雾使用。每季作物最多使用 3 次，安全间隔期为 14d

（续）

防治对象	农药种类	使用剂量	防治方法
炭疽病	10％苯醚甲环唑 WG	50～75g/亩	发病初期喷雾使用。每季作物最多使用 3 次，安全间隔期为 14d
	80％代森锰锌 WP	130～210g/亩	发病前或发病初期喷雾使用。每季作物最多使用 3 次，安全间隔期为 21d
	70％甲基硫菌灵 WP	50～80g/亩	发病初期喷雾使用。每季作物最多使用 3 次，安全间隔期为 14d
疫病	23.4％双炔酰菌胺 SC	20～20mL/亩	谢花后喷雾使用。每季作物最多使用 3 次，安全间隔期为 5d
	100g/L 氰霜唑 SC	55～75mL/亩	发病初期喷雾使用。每季作物最多使用 4 次，安全间隔期为 7d
	28％精甲霜灵·氰霜唑 SC	15～19mL/亩	发病初期喷雾使用。每季作物最多使用 2 次，安全间隔期为 7d

（续）

防治对象	农药种类	使用剂量	防治方法
蔓枯病	10%多抗霉素 WP	120～140g/亩	病前或发病初期喷雾使用。每季作物最多使用 3 次，安全间隔期为 7d
	60%唑醚·代森联 WG	60～100g/亩	发病前或发病初期喷雾使用。每季作物最多使用 3 次，安全间隔期为 7d
	24%苯甲·烯肟 SC	30～40mL/亩	发病前或发病初期喷雾使用。每季作物最多使用 3 次，安全间隔期为 14d
病毒病	1%香菇多糖 AS	200～400 倍液	发病初期喷雾使用
	4%低聚糖素 SP	85～165g/亩	发病前或发病初期喷雾使用
蚜虫	0.5%除虫菊提取物 SL	240～280g/亩	发生初期时喷雾使用
	15%氟啶虫酰胺 TB	200～300mg/株	西瓜移栽时穴施，每季作物最多使用 1 次
	25%噻虫嗪 TB	0.5～1.5 片/株	西瓜移栽时穴施，每季作物最多使用 1 次

（续）

防治对象	农药种类	使用剂量	防治方法
蓟马	60g/L 乙基多杀菌素 SC	40～50mL/亩	发病初期喷雾使用。每季作物最多使用 2 次，安全间隔期为 5d
	40%氟虫·乙多素 WG	10～14g/亩	发病初期喷雾使用。每季作物最多使用 2 次，安全间隔期为 7d
烟粉虱	22%螺虫·噻虫啉 SC	30～40mL/亩	成虫发生期至产卵初期喷雾使用。每季作物最多使用 2 次，安全间隔期为 14d
甜菜夜蛾	10%溴氰虫酰胺 OD	19.3～24mL/亩	授粉前期喷雾使用。每季作物最多使用 3 次，安全间隔期为 5d
	5%氯虫苯甲酰胺 SC	45～60mL/亩	卵孵化盛期喷雾使用。每季作物最多使用 2 次，安全间隔期为 10d
红蜘蛛	110g/L 乙螨唑 SC	3 500～5 000 倍液	始盛期喷雾用药。每季作物最多使用 1 次，安全间隔期为 3d

（续）

防治对象	农药种类	使用剂量	防治方法
阔叶杂草	960g/L 精异丙甲草胺 EC	40～65mL/亩	播后苗前或移栽前土壤喷雾。每季作物最多使用 1 次

注：AS 代表水剂，EC 代表乳油，EW 代表水乳剂，GR 代表颗粒剂，OD 代表可分散油悬浮剂，SC 代表悬浮剂，SL 代表可溶液剂，SP 代表可溶粉剂，WG 代表水分散粒剂，WP 代表可湿性粉剂，TB 代表片剂。

农药使用以最新版本《绿色食品　农药使用准则》（NY/T 393）和农药登记信息的规定为准。

（七）采收管理

1. 成熟度鉴别

（1）坐瓜标记法。做好坐瓜标记，记载授粉日期，依据天气、瓜龄，确定成熟度。

（2）外观识别法。成熟的西瓜果皮光亮、花纹清晰，显示各品种固有色泽，果蒂处略有收缩，果柄上的茸毛脱落、稀疏，结果部位前后节位卷须枯萎。

2. 采收

采收自然成熟瓜，当地销售的，采收成熟度为 9 成以上；远

途贩运的，成熟度在 8～9 成。3—4 月坐瓜，瓜龄 40d 左右即可采收，以后随气温升高，瓜龄 27～30d 采收。成熟西瓜果脐凹陷，果蒂略有收缩，果柄茸毛脱落、稀疏，果面光亮，条纹清晰。

3. 清洁田园

采收完毕后，要将藤蔓、叶片、根系及地膜碎片等进行无害化清理。

4. 质量分级

采收后的西瓜按品种进行分类、分级存放。绿色食品温岭西瓜按感官指标分为特等瓜、一等瓜、二等瓜 3 个级别。绿色食品温岭西瓜中果型感官指标等级见表 6。绿色食品温岭西瓜小果型感官指标等级见表 7。绿色食品温岭西瓜规格划分见表 8。绿色食品温岭西瓜理化指标见表 9。

表 6　绿色食品温岭西瓜中果型感官指标等级

项目	指标		
	特等瓜	一等瓜	二等瓜
果形	具有本品种应有的特征，果形周正一致，不得有畸形果	具有本品种应有的特征，果形较周正，不得有畸形果	具有本品种应有的特征，果形较周正，有轻度畸形果

（续）

项目	指标		
	特等瓜	一等瓜	二等瓜
果面	皮色正常，色泽一致，条纹清晰，表面平滑，无棱、无沟，无裂果，无腐烂、霉变、病虫斑和机械损伤	皮色正常，色泽一致，条纹清晰，表面平滑，无棱、无沟，无裂果，无腐烂、霉变、病虫斑和机械损伤	皮色正常，色泽一致，条纹清晰，表面平滑，无棱、无沟，无裂果，无腐烂、霉变，果皮有轻微的病虫斑和机械损伤
剖面	具有本品种成熟时的固有色泽，瓤色鲜艳，有籽，无花籽、无白籽、无空心、无黄筋、无硬块，不厚皮	具有本品种成熟时的固有色泽，瓤色鲜艳，有籽，有少量花籽和白籽，无空心、无硬块，有少许白筋、黄筋，有轻微厚皮	具有本品种成熟时的固有色泽，瓤色鲜艳，有籽、花籽或白籽，有少量空心、硬块，有少许白筋、黄筋，部分厚皮
质地与风味	具有本品种应有的风味，汁多质脆爽口，纤维少，风味好，甜度高，无异味，果肉化渣性好	具有本品种应有的风味，汁多质脆爽口，纤维少，风味好，甜度较高，无异味，果肉化渣性较好	具有本品种应有的风味，汁多质脆爽口，纤维少，风味好，甜度一般，无异味，果肉化渣性一般
成熟度	成熟度9成以上，果实新鲜	成熟度8~9成，果实新鲜	

表7 绿色食品温岭西瓜小果型感官指标等级

项目	指标		
	特等瓜	一等瓜	二等瓜
果形	具有本品种应有的特征，果形周正一致，不得有畸形果	具有本品种应有的特征，果形较周正，不得有畸形果	具有本品种应有的特征，果形较周正，有轻度畸形果
果面	皮色正常，色泽一致，条纹清晰，表面平滑，无裂果，无腐烂、霉变、病虫斑和机械损伤	皮色正常，色泽一致，条纹清晰，表面平滑，无裂果，无腐烂、霉变、病虫斑和机械损伤	皮色正常，色泽一致，条纹清晰，表面平滑，无裂果，无腐烂、霉变、果皮有轻微的病虫斑和机械损伤
剖面	具有本品种成熟时的固有色泽，瓤色鲜艳、无空心、无黄筋、无硬块，不厚皮	具有本品种成熟时的固有色泽，瓤色鲜艳、无硬块，有少许白筋、黄筋，有轻微厚皮	具有本品种成熟时的固有色泽，瓤色鲜艳，有少量空心、硬块，有少许白筋、黄筋，部分厚皮
质地与风味	具有本品种应有的风味，汁多爽口，纤维少，风味好，甜度高，无异味	具有本品种应有的风味，汁多爽口，纤维少，风味好，甜度较高，无异味	具有本品种应有的风味，汁多爽口，纤维少，风味好，甜度一般，无异味
成熟度	成熟度8~9成，果实新鲜		

表8 绿色食品温岭西瓜规格划分

项目		级别		
		大（L）	中（M）	小（S）
单果重/kg	中果型	5.0～6.5	4.0～5.0	3.0～4.0
	小果型		1.5～2.5	

表9 绿色食品温岭西瓜理化指标

项目		指标		
		特等瓜	一等瓜	二等瓜
瓜瓤中心可溶性固形物/％	中果型	≥12.0	≥11.5	≥10.5
	小果型	≥12.5	≥12.0	≥11.0
瓜瓤边缘可溶性固形物/％	中果型	≥8.5	≥8.0	≥8.0
	小果型	≥8.5	≥8.0	≥8.0
总酸/％		≤0.2	≤0.2	≤0.2

（八）包装储运

1. 包装

包装应符合《绿色食品　包装通用准则》（NY/T 658—2015）的规定。包装箱上应标明产品名称、产地、采摘日期、生产单位等，对已经获准使用绿色食品标志的，可在其产品或包装上加贴绿色食品标志。

2. 储运

西瓜应存放于通风、阴凉处，避免阳光暴晒。储藏温度 2～7℃，储藏空气相对湿度保持在 90％，并保证气流均匀流通。装卸运输中应轻装轻放，运输工具应清洁、干燥，不应与有毒、有害、有异味的物品混装运输。储藏运输应符合《绿色食品　储藏运输准则》（NY/T 1056—2021）。

（九）生产记录

应建立绿色食品温岭西瓜的生产档案，包括投入品采购记录、生产过程记录、病虫害防治记录、施肥记录等，生产档案保存 3 年以上。

（十）产品追溯

西瓜上市销售时，相关企业、合作社、家庭农场等规模生产主体应出具承诺达标合格证。规模以上主体应纳入追溯平台，优先考虑通过浙江省农产品质量安全追溯平台实现统一

信息查询。

四、西瓜生产投入品管理

（一）农资采购

一要看证照

要到经营证照齐全、经营信誉良好的合法农资商店购买，不要从流动商贩或无证经营的农资商店购买。

二要看标签

要认真查看产品包装和标签标识上的农药名称、有效成分及含量、农药登记证号、农药生产许可证号或农药生产批准文件号、产品标准号、企业名称及联系方式、生产日期、产品批号、有效期、用途、使用技术和使用方法、毒性等事项，查验产品质量合格证。不要盲目轻信广告宣传和商家的推荐。

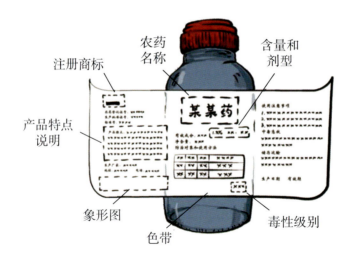

三要索取票据

要向经营者索要销售凭证，并连同产品包装物、标签等妥善保存好，以备出现质量等问题时作为索赔依据。不要接收未注明品种、名称、数量、价格及销售者的字据或收条。

（二）农资存放

农药和肥料存放时需分门别类，存放农药的地方须上锁，使用后剩余农药应保存在原来的包装容器内。

（三）农资使用

为保障操作者身体安全，特别是预防农药中毒，操作者作业时须做好防护，如穿戴帽子、保护眼罩、口罩、手套、防护服等。身体不舒服时，不宜喷洒农药。喷洒农药后，出现呼吸困难、呕吐、抽搐等症状时应及时就医，并准确告诉医生喷洒农药名称及种类。

（四）废弃物处置

农业废弃物，特别是农药使用后的包装物（空农药瓶、农药袋子等）以及废弃药液或过期药液，应妥善收集和处理，不得随意丢弃。

五、附　　录

附录 1　农药基本知识

农药分类

杀 虫 剂	杀 菌 剂
主要用来防治农、林、卫生、储粮、畜牧等方面的害虫	对植物体内的真菌、细菌或病毒等具有杀灭或抑制作用，用以预防或防治作物的各种病害的药剂，称为杀菌剂

除 草 剂

用来杀灭或控制杂草生长的农药，称为除草剂，亦称除莠剂

植物生长调节剂

指人工合成或天然的具有天然植物激素活性的物质

农药毒性标识

农药毒性分为剧毒、高毒、中等毒、低毒、微毒 5 个级别。

象形图

象形图应根据产品实际使用的操作要求和顺序排列，包括储存象形图、操作象形图、忠告象形图、警告象形图。

储存象形图	放在儿童接触不到的地方，并加锁		
操作象形图	配制液体农药时	配制固体农药时	喷药时
忠告象形图	戴手套	戴防护罩	戴防毒面具
	用药后需清洗	戴口罩	穿胶靴
警告象形图	危险/对家畜有害	危险/对鱼有害，不要污染湖泊、池塘和小溪	

附录 2　西瓜相关标准

　　我国西瓜种植广泛，各地根据实际生产需求制定了相关标准。目前，有国家标准 14 项、行业标准 18 项、地方及团体标准 327 项，涵盖了生产技术、品质、规格、检验方法等方面。西瓜的部分国家标准、行业标准和浙江省地方标准见附表 2-1。

附表 2-1　西瓜的部分国家标准、行业标准和浙江省地方标准

标准编号	标准名称
GB 16715.1—2010	瓜菜作物种子　第 1 部分：瓜类
GB/T 17980.112—2004	农药田间药效试验准则（二）　第 112 部分：杀菌剂防治瓜类炭疽病
GB/T 17980.113—2004	农药田间药效试验准则（二）　第 113 部分：杀菌剂防治瓜类枯萎病
GB/T 19557.27—2022	植物品种特异性（可区别性）、一致性和稳定性测试指南　西瓜
GB/T 22446—2008	地理标志产品　大兴西瓜
GB/T 23416.3—2009	蔬菜病虫害安全防治技术规范　第 3 部分：瓜类

（续）

标准编号	标准名称
GB/T 27659—2011	无籽西瓜分等分级
GB/T 36781—2018	瓜类种传病毒检疫鉴定方法
GB/T 36822—2018	瓜类果斑病菌检疫鉴定方法
GB/T 36855—2018	西瓜种子产地检疫规程
GB/T 37279—2018	进出境瓜类种子检疫规程　细菌
GH/T 1153—2021	西瓜
NY/T 427—2016	绿色食品　西甜瓜
NY/T 584—2002	西瓜（含无子西瓜）
NY/T 2387—2013	农作物优异种质资源评价规范　西瓜
NY/T 2472—2013	西瓜品种鉴定技术规程　SSR 分子标记法
NY/T 3626—2020	西瓜抗枯萎病鉴定技术规程
NY/T 4247—2022	设施西瓜生产全程质量控制技术规范
NY/T 5111—2002	无公害食品　西瓜生产技术规程
SN/T 1465—2004	西瓜细菌性果斑病菌检疫鉴定方法
SB/T 11029—2013	瓜类蔬菜流通规范
SB/T 11030—2013	瓜类贮运保鲜技术规范
DB33/T 994—2015	西瓜抗枯萎病性评价技术规范
DB33/T 2005—2016	大棚西瓜生产技术规程

附录3　西瓜品质要求

目前，我国国家标准和行业标准中，涉及西瓜感官和理化指标的标准主要有《绿色食品　西甜瓜》（NY/T 427—2016）、《无籽西瓜分等分级》（GB/T 27659—2011）和《西瓜（含无子西瓜）》（NY/T 584—2002），具体见附表3-1、附表3-2。

附表3-1　西瓜感官指标等级划分

项目	《绿色食品　西甜瓜》（NY/T 427—2016）		
果实外观	果实完整，新鲜清洁，果形端正，具有本品种应有的形状和特征		
滋味、气味	具有本品种应有的滋味		
果面缺陷	无明显果面缺陷（缺陷包括雹伤、日灼、病虫斑及机械伤等）		
成熟度	发育充分，成熟适度，具有适于市场或储存要求的成熟度		
项目	《无籽西瓜分等分级》（GB/T 27659—2011）		
	特等品	一等品	二等品
基本要求	果实端正良好、发育正常、果面洁净、新鲜、无异味、为非正常外部潮湿，具有耐贮运或市场要求的成熟度	果实端正良好、发育正常、新鲜清洁、无异味、为非正常外部潮湿，具有耐贮运或市场要求的成熟度	果实端正良好、发育正常、新鲜清洁、无异味、为非正常外部潮湿，具有耐贮运或市场要求的成熟度

（续）

项目	《无籽西瓜分等分级》（GB/T 27659—2011）		
	特等品	一等品	二等品
果形	端正，具有本品种典型特征	端正，具有本品种基本特征	具有本品种基本特征，允许有轻微偏缺，不得有畸形
果肉底色和条纹	具有本品种应有的底色和条纹，且底色均匀一致、条纹清晰	具有本品种应有的底色和条纹，且底色比较均匀一致、条纹比较清晰	具有本品种应有的底色和条纹，允许底色有轻微差别，底色和条纹的色泽稍差
剖面	具有本品种适度成熟时固有色泽，质地均匀一致。无硬块，无空心，无白筋，秕子小而白嫩，无着色秕子	具有本品种适度成熟时固有色泽，质地基本均匀一致，无白筋、无硬块，单果着色秕子数少于5个	具有本品种适度成熟时固有色泽，质地均匀性较差。无明显白筋，允许有小的硬块，允许轻度空心，单果着色秕子数少于10个
正常种子	无	无	1～2粒
着色秕子	纵剖面不超过1个	纵剖面不超过2个	纵剖面不超过3个
白色秕子	个体小，数量少，籽软	个体中等、数量少，或数量中等、个体小	个体和数量均为中等，或个体较大但数量少，或个体小但数量较多

（续）

项目		《无籽西瓜分等分级》（GB/T 27659—2011）		
		特等品	一等品	二等品
口感		汁多、质脆、爽口、纤维少，风味好	汁多、质脆、爽口、纤维较少，风味好	汁多，果肉质地较脆，果肉纤维较多，无异味
单果重量		具有本品种单果重量，大小均匀一致，差异＜10％	具有本品种单果重量，大小较均匀，差异＜20％	具有本品种单果重量，大小差异＜30％
果面缺陷	碰压伤	无	允许总数5％的果有轻微碰压伤，且单果损伤总面积不超过5cm²	允许总数10％的果有碰压损伤，单果损伤总面积不超过8cm²，外表皮有轻微变色，但不伤及果肉
	刺磨划伤	无	允许总数5％的果有轻微损伤，单果损伤总面积不超过3cm²	允许总数10％的果有轻微伤，且单果损伤总面积不超过5cm²，果皮无受伤流汁现象
	雹伤	无	无	允许有轻微雹伤，单果损伤总面积不超过3cm²，且伤口已愈合良好

（续）

项目	《无籽西瓜分等分级》（GB/T 27659—2011）		
	特等品	一等品	二等品
果面缺陷 日灼	无	允许5%的果实有轻微日灼，且单果损伤总面积不超过5cm²	允许有10%的果实有日灼，单果损伤总面积不超过10cm²
果面缺陷 病虫斑	无	无	允许愈合良好的病、虫斑，总面积不超过5cm²，不得有正感染的病斑

项目	《西瓜（含无子西瓜）》（NY/T 584—2002）——有子西瓜		
	优等品	一等品	二等品
基本要求	果实完整良好、发育正常、新鲜洁净、无异味、无非正常外部潮湿，具有耐贮运或市场要求的成熟度	果实完整良好、发育正常、新鲜洁净、无异味、无非正常外部潮湿，具有耐贮运或市场要求的成熟度	果实完整良好、发育正常、新鲜洁净、无异味、无非正常外部潮湿，具有耐贮运或市场要求的成熟度
果形	端正	端正	允许有轻微偏缺，但仍具有本品种应有的特征，不得有畸形果

（续）

项目	《西瓜（含无子西瓜）》（NY/T 584—2002）——有子西瓜		
	优等品	一等品	二等品
果面底色和条纹	具有本品种应有的底色和条纹，且底色均匀一致、条纹清晰	具有本品种应有的底色和条纹，且底色均匀一致、条纹清晰	具有本品种应有的底色和条纹，允许底色有轻微差别，底色和条纹色泽稍差
剖面	均匀一致，无硬块	均匀一致，无硬块	均匀性稍差，有小的硬块
单果重	大小均匀一致，差异<10%	大小较均匀，差异<20%	大小差异<30%
果面缺陷　碰压伤	无	允许总数5%的果有轻微碰压伤，且单果损伤总面积不超过5cm²	允许总数10%的果有碰压伤，单果损伤总面积不超过8cm²，外表面有轻微变色，但不伤及果肉
果面缺陷　刺磨划伤	无	占总数5%的果有轻微伤，单果损伤总面积不超过3cm²	占总数10%的果有轻微伤，且单果损伤总面积不超过5cm²，无受伤流汁现象

（续）

项目	《西瓜（含无子西瓜）》（NY/T 584—2002）——有子西瓜		
	优等品	一等品	二等品
果面缺陷 雹伤	无	无	允许有轻微雹伤，单果总面积不超过 3cm²，且伤口已干枯
果面缺陷 日灼	无	允许 5% 的果有轻微的日灼，且单果总面积不超过 5cm²	允许 5% 的果有日灼，单果总损伤面积不超过 10cm²
果面缺陷 病虫斑	无	无	允许干枯虫伤，总面积不超过 10cm²，不得有病斑

项目	《西瓜（含无子西瓜）》（NY/T 584—2002）——无子西瓜		
	优等品	一等品	二等品
基本要求	果实完整良好、发育正常、新鲜洁净、无异味、无非正常外部潮湿，具有耐贮运或市场要求的成熟度	果实完整良好、发育正常、新鲜洁净、无异味、无非正常外部潮湿，具有耐贮运或市场要求的成熟度	果实完整良好、发育正常、新鲜洁净、无异味、无非正常外部潮湿，具有耐贮运或市场要求的成熟度

（续）

项目	《西瓜（含无子西瓜）》（NY/T 584—2002）——无子西瓜		
	优等品	一等品	二等品
果形	端正	端正	允许有轻微偏缺，但仍具有本品种应有的特征，不得有畸形果
果面底色和条纹	具有本品种应有的底色和条纹，且底色均匀一致、条纹清晰	具有本品种应有的底色和条纹，且底色均匀一致、条纹清晰	具有本品种应有的底色和条纹，允许底色有轻微差别，底色和条纹色泽稍差
剖面	均匀一致，无硬块	均匀一致，无硬块	均匀性稍差，有小的硬块
单果重	大小均匀一致，差异<10%	大小较均匀，差异<20%	大小差异<30%
果面缺陷 碰压伤	无	允许总数5%的果有轻微碰压伤，且单果损伤总面积不超过5cm²	允许总数10%的果有碰压伤，单果损伤总面积不超过8cm²，外表面有轻微变色，但不伤及果肉
果面缺陷 刺磨划伤	无	占总数5%的果有轻微伤，单果损伤总面积不超过3cm²	占总数10%的果有轻微伤，且单果损伤总面积不超过5cm²，无受伤流汁现象

（续）

项目		《西瓜（含无子西瓜）》（NY/T 584—2002）——无子西瓜		
		优等品	一等品	二等品
果面缺陷	雹伤	无	无	允许有轻微雹伤，单果总面积不超过 3cm²，且伤口已干枯
	日灼	无	允许 5% 的果有轻微的日灼，且单果总面积不超过 5cm²	允许 5% 的果有日灼，单果总损伤面积不超过 10cm²
	病虫斑	无	无	允许干枯虫伤，总面积不超过 10cm²，不得有病斑
着色秕子		纵剖面不超过 1 个	纵剖面不超过 2 个	纵剖面不超过 3 个
白色秕子		个体小、数量少	个体中等但数量少，或数量中等但个体小	个体和数量均为中等，或个体较大但数量少，或个体小但数量较多

附表 3-2　西瓜理化指标等级划分

项目	《绿色食品　西甜瓜》（NY/T 427—2016）
单果重/kg	/
可溶性固形物/%	≥10.5
糖酸比	/
番茄红素（鲜重）/（mg/kg）	/
维生素 C（鲜重）/（mg/kg）	/
总酸（以柠檬酸计）/（g/kg）	≤2.0

项目	分类	《无籽西瓜分等分级》（GB/T 27659—2011）		
		特等品	一等品	二等品
近皮部可溶性固形物含量/%	大果型	≥8.0	≥7.5	≥7.0
	中果型	≥8.5	≥8.0	≥7.5
	小果型	≥9.0	≥8.5	≥8.0
中心可溶性固形物含量/%	大果型	≥10.5	≥10.0	≥9.5
	中果型	≥11.0	≥10.5	≥10.0
	小果型	≥12.0	≥11.5	≥11.0

（续）

项目	分类	《无籽西瓜分等分级》（GB/T 27659—2011）		
		特等品	一等品	二等品
果皮厚度/cm	大果型	≤1.3	≤1.4	≤1.5
	中果型	≤1.1	≤1.52	≤1.3
	小果型	≤0.6	≤0.7	≤0.8
同品种同批次单果重量之间允许差/%	大果型			
	中果型	≤10	≤20	≤30
	小果型			

项目	分类	《西瓜（含无子西瓜）》（NY/T 584—2002）					
		有子西瓜			无子西瓜		
		优等品	一等品	二等品	优等品	一等品	二等品
果实中心可溶性固形物/%	大果型	≥10.5	≥10.0	≥9.5	≥10.5	≥10.0	≥9.5
	中果型	≥11.0	≥10.5	≥10.0	≥11.0	≥10.5	≥10.0
	小果型	≥12.0	≥11.5	≥11.0	≥12.0	≥11.5	≥11.0
果皮厚度/cm	大果型	≤1.2	≤1.3	≤1.4	≤1.3	≤1.4	≤1.5
	中果型	≤0.9	≤1.0	≤1.1	≤1.1	≤1.2	≤1.3
	小果型	≤0.5	≤0.6	≤0.7	≤0.6	≤0.7	≤0.8

附录 4　中国西瓜农药最大残留限量（MRLs）

在质量安全方面，我国《食品安全国家标准　食品中农药最大残留限量》（GB 2763—2021）、《食品安全国家标准　食品中 2，4-滴丁酸钠盐等 112 种农药最大残留限量》（GB 2763.1—2022）主要规定了以下农药在西瓜中的最大残留限量（173 项），其中阿维菌素、百菌清等 89 种农药进行了登记，具体见附表 4-1。

附表 4-1　西瓜中农药最大残留限量

序号	农药中文名称	农药英文名称	功能	最大残留限量/（mg/kg）	是否登记
1	阿维菌素	abamectin	杀虫剂	0.02	登记
2	百菌清	chlorothalonil	杀菌剂	5	登记
3	保棉磷	azinphos-methyl	杀虫剂	0.2	未登记
4	苯醚甲环唑	difenoconazole	杀菌剂	0.1	登记
5	苯霜灵	benalaxyl	杀菌剂	0.1	未登记
6	吡唑醚菌酯	pyraclostrobin	杀菌剂	0.5	登记
7	吡唑萘菌胺	isopyrazam	杀菌剂	0.1*	登记

（续）

序号	农药中文名称	农药英文名称	功能	最大残留限量/（mg/kg）	是否登记
8	丙硫多菌灵	albendazole	杀菌剂	0.05*	未登记
9	丙森锌	propineb	杀菌剂	1	登记
10	春雷霉素	kasugamycin	杀菌剂	0.1*	登记
11	代森铵	amobam	杀菌剂	1	登记
12	代森联	metiram	杀菌剂	1	登记
13	代森锰锌	mancozeb	杀菌剂	1	登记
14	代森锌	zineb	杀菌剂	1	登记
15	稻瘟灵	isoprothiolane	杀菌剂	0.1	登记
16	敌草胺	napropamide	除草剂	0.05	登记
17	敌磺钠	fenaminosulf	杀菌剂	0.1*	登记
18	啶虫脒	acetamiprid	杀虫剂	0.2	登记
19	啶氧菌酯	picoxystrobin	杀菌剂	0.05	登记
20	多菌灵	carbendazim	杀菌剂	2	登记
21	多抗霉素	polyoxins	杀菌剂	0.5*	登记
22	噁霉灵	hymexazol	杀菌剂	0.5*	登记

（续）

序号	农药中文名称	农药英文名称	功能	最大残留限量/(mg/kg)	是否登记
23	噁唑菌酮	famoxadone	杀菌剂	0.2	登记
24	二氰蒽醌	dithianon	杀菌剂	1*	登记
25	呋虫胺	dinotefuran	杀虫剂	1	登记
26	氟吡甲禾灵和高效氟吡甲禾灵	haloxyfop – methyl ad haloxyfop – P – methyl	除草剂	0.1*	登记
27	氟吡菌胺	fluopicolide	杀菌剂	0.1*	登记
28	氟吡菌酰胺	fluopyram	杀菌剂	0.1*	登记
29	氟菌唑	triflumizole	杀菌剂	0.2*	登记
30	氟氯氰菊酯和高效氟氯氰菊酯	cyfluthrin and bet – cyfluthrin	杀虫剂	0.1	登记
31	氟烯线砜	fluensulfone	杀线虫剂	0.3*	登记
32	福美锌	ziram	杀菌剂	1	登记
33	咯菌腈	fludioxonil	杀菌剂	0.05	登记
34	己唑醇	hexaconazole	杀菌剂	0.05	登记
35	甲氨基阿维菌素苯甲酸盐	emamectin benzoate	杀虫剂	0.1	登记

（续）

序号	农药中文名称	农药英文名称	功能	最大残留限量/(mg/kg)	是否登记
36	甲基硫菌灵	thiophanate‐methyl	杀菌剂	2	登记
37	甲霜灵和精甲霜灵	metalaxyl and metalaxl‐M	杀菌剂	0.2	登记
38	喹禾灵和精喹禾灵	quizalofop‐ethyl and uizalofop‐P‐ethyl	除草剂	0.2*	登记
39	喹啉铜	oxine‐copper	杀菌剂	0.2	登记
40	螺甲螨酯	spiromesifen	杀螨剂	0.09*	登记
41	氯吡脲	forchlorfenuron	植物生长调节剂	0.1	登记
42	咪鲜胺和咪鲜胺锰盐	prochloraz and prochoraz‐manganese chloride complex	杀菌剂	0.1	登记
43	醚菌酯	kresoxim‐methyl	杀菌剂	0.02	登记
44	嘧菌酯	azoxystrobin	杀菌剂	1	登记
45	氰霜唑	cyazofamid	杀菌剂	0.5	登记
46	噻虫啉	thiacloprid	杀虫剂	0.2	登记

（续）

序号	农药中文名称	农药英文名称	功能	最大残留限量/（mg/kg）	是否登记
47	噻虫嗪	thiamethoxam	杀虫剂	0.2	登记
48	噻唑膦	fosthiazate	杀线虫剂	0.1	登记
49	申嗪霉素	phenazino‐1‐carboxylic acid	杀菌剂	0.02*	登记
50	双胍三辛烷基苯磺酸盐	iminoctadinetris（albesilate）	杀菌剂	0.2*	登记
51	双炔酰菌胺	mandipropamid	杀菌剂	0.2*	登记
52	肟菌酯	trifloxystrobin	杀菌剂	0.2	登记
53	五氯硝基苯	quintozene	杀菌剂	0.02	登记
54	戊菌唑	penconazole	杀菌剂	0.05	登记
55	戊唑醇	tebuconazole	杀菌剂	0.1	登记
56	溴菌腈	bromothalonil	杀菌剂	0.2*	登记
57	溴氰虫酰胺	cyantraniliprole	杀虫剂	0.05	登记
58	乙基多杀菌素	spinetoram	杀虫剂	0.1*	登记
59	异菌脲	iprodione	杀菌剂	0.5	登记

（续）

序号	农药中文名称	农药英文名称	功能	最大残留限量/(mg/kg)	是否登记
60	仲丁灵	butralin	除草剂	0.1	登记
61	氟啶虫胺腈	sulfoxaflor	杀虫剂	0.02	登记
62	氟唑菌酰羟胺	pydiflumetofen	杀菌剂	0.02*	登记
63	螺虫乙酯	spirotetramat	杀虫剂	0.1	登记
64	胺苯磺隆	ethametsulfuron	除草剂	0.01	禁用
65	巴毒磷	crotoxyphos	杀虫剂	0.02*	未登记
66	百草枯	paraquat	除草剂	0.02*	禁用
67	倍硫磷	fenthion	杀虫剂	0.05	登记
68	苯并烯氟菌唑	benzovindiflupyr	杀菌剂	0.2*	登记
69	苯菌酮	metrafenone	杀菌剂	0.5*	登记
70	苯酰菌胺	zoxamide	杀菌剂	2	登记
71	苯线磷	fenamiphos	杀虫剂	0.02	禁用
72	吡虫啉	imidacloprid	杀虫剂	0.2	登记
73	丙炔氟草胺	flumioxazin	除草剂	0.02	登记
74	丙酯杀螨醇	chloropropylate	杀虫剂	0.02*	未登记

（续）

序号	农药中文名称	农药英文名称	功能	最大残留限量/（mg/kg）	是否登记
75	草甘膦	glyphosate	除草剂	0.1	登记
76	草枯醚	chlornitrofen	除草剂	0.01*	未登记
77	草芽畏	2，3，6 - TBA	除草剂	0.01*	未登记
78	敌百虫	trichlorfon	杀虫剂	0.2	登记
79	敌草腈	cichlobenil	除草剂	0.01*	未登记
80	敌敌畏	dichlorvos	杀虫剂	0.2	登记
81	敌螨普	dinocap	杀菌剂	0.05*	未登记
82	地虫硫磷	fonofos	杀虫剂	0.01	禁用
83	丁硫克百威	carbosulfan	杀虫剂	0.01	禁用
84	毒虫畏	chlorfenvinphos	杀虫剂	0.01	未登记
85	毒菌酚	hexachlorophene	杀菌剂	0.01*	未登记
86	对硫磷	parathion	杀虫剂	0.01	禁用
87	多杀霉素	spinosad	杀虫剂	0.2*	登记
88	二溴磷	naled	杀虫剂	0.01*	未登记
89	粉唑醇	flutriafol	杀菌剂	0.3	登记

（续）

序号	农药中文名称	农药英文名称	功能	最大残留限量/(mg/kg)	是否登记
90	氟虫腈	fipronil	杀虫剂	0.02	登记
91	氟除草醚	fluoronitrofen	除草剂	0.01*	未登记
92	氟啶虫酰胺	flonicamid	杀虫剂	0.2	登记
93	氟噻唑吡乙酮	oxathiapiprolin	杀菌剂	0.2*	登记
94	氟唑菌酰胺	fluxapyroxad	杀菌剂	0.2*	登记
95	格螨酯	2，4 – dichlorophenyl benzenesulfonate	杀螨剂	0.01*	未登记
96	庚烯磷	heptenophos	杀虫剂	0.01*	未登记
97	环螨酯	cycloprate	杀螨剂	0.01*	未登记
98	活化酯	acibenzolar – S – methyl	杀菌剂	0.8	未登记
99	甲胺磷	methamidophos	杀虫剂	0.05	禁用
100	甲拌磷	phorate	杀虫剂	0.01	禁用
101	甲磺隆	metsulfuron – methyl	除草剂	0.01	禁用
102	甲基对硫磷	parathion – methyl	杀虫剂	0.02	禁用
103	甲基硫环磷	phosfolan – methyl	杀虫剂	0.03*	禁用

（续）

序号	农药中文名称	农药英文名称	功能	最大残留限量/（mg/kg）	是否登记
104	甲基异柳磷	isofenphos - methyl	杀虫剂	0.01*	禁用
105	甲氰菊酯	fenpropathrin	杀虫剂	5	登记
106	甲氧滴滴涕	methoxychlor	杀虫剂	0.01	未登记
107	久效磷	monocrotophos	杀虫剂	0.03	禁用
108	抗蚜威	pirimicarb	杀虫剂	1	登记
109	克百威	carbofuran	杀虫剂	0.02	禁用
110	乐果	dimethoate	杀虫剂	0.01	禁用
111	乐杀螨	binapacryl	杀螨剂、杀菌剂	0.05*	未登记
112	联苯肼酯	bienazate	杀螨剂	0.5	登记
113	磷胺	phosphamidon	杀虫剂	0.05	禁用
114	硫丹	endosulfan	杀虫剂	0.05	禁用
115	硫环磷	phosfolan	杀虫剂	0.03	禁用
116	氯苯甲醚	chloroneb	杀菌剂	0.01	未登记
117	氯虫苯甲酰胺	chlorantraniliprole	杀虫剂	0.3*	登记

（续）

序号	农药中文名称	农药英文名称	功能	最大残留限量/(mg/kg)	是否登记
118	氯氟氰菊酯和高效氯氟氰菊酯	cyhalothrin and labda - cyhalothrin	杀虫剂	0.05	登记
119	氯磺隆	chlorsulfuron	除草剂	0.01	禁用
120	氯菊酯	permethrin	杀虫剂	2	登记
121	氯氰菊酯和高效氯氰菊酯	cypermethrin and bea - cypermethrin	杀虫剂	0.07	登记
122	氯酞酸	chlorthal	除草剂	0.01*	未登记
123	氯酞酸甲酯	chlorthal - dimethyl	除草剂	0.01	未登记
124	氯唑磷	isazofos	杀虫剂	0.01	禁用
125	茅草枯	dalapon	除草剂	0.01*	未登记
126	咪唑菌酮	fenamidone	杀菌剂	0.2	未登记
127	嘧菌环胺	cyprodinil	杀菌剂	0.5	登记
128	灭草环	tridiphane	除草剂	0.05*	未登记
129	灭多威	methomyl	杀虫剂	0.2	禁用
130	灭螨醌	acequincyl	杀螨剂	0.01	未登记

（续）

序号	农药中文名称	农药英文名称	功能	最大残留限量/(mg/kg)	是否登记
131	灭线磷	ethoprophos	杀线虫剂	0.02	禁用
132	内吸磷	demeton	杀虫剂、杀螨剂	0.02	禁用
133	嗪氨灵	trifoine	杀菌剂	0.5*	未登记
134	氰戊菊酯和S-氰戊菊酯	fenvalerate and esfnvalerate	杀虫剂	0.2	登记
135	噻螨酮	hexythiazox	杀螨剂	0.05	登记
136	三氟硝草醚	fluorodifen	除草剂	0.01*	未登记
137	三氯杀螨醇	dicofol	杀螨剂	0.01	禁用
138	三唑醇	triadimenol	杀菌剂	0.2	登记
139	三唑酮	triadimefon	杀菌剂	0.2	登记
140	杀虫脒	chlordimeform	杀虫剂	0.01	禁用
141	杀虫畏	tetrachlorvinphos	杀虫剂	0.01	未登记
142	杀螟硫磷	fenitrothion	杀虫剂	0.5	登记
143	杀扑磷	methidathion	杀虫剂	0.05	禁用

（续）

序号	农药中文名称	农药英文名称	功能	最大残留限量/（mg/kg）	是否登记
144	霜霉威和霜霉威盐酸盐	propamocarb and prpamocarb hydrochloride	杀菌剂	5	登记
145	水胺硫磷	isocarbophos	杀虫剂	0.05	禁用
146	速灭磷	mevinphos	杀虫剂、杀螨剂	0.01	未登记
147	特丁硫磷	terufos	杀虫剂	0.01*	禁用
148	特乐酚	dinoterb	除草剂	0.01*	未登记
149	涕灭威	aldicarb	杀虫剂	0.02	禁用
150	戊硝酚	dinosam	杀虫剂、除草剂	0.01*	未登记
151	烯虫炔酯	kioprene	杀虫剂	0.01*	未登记
152	烯虫乙酯	hydroprene	杀虫剂	0.01*	未登记
153	烯酰吗啉	dimethomorph	杀菌剂	0.5	登记
154	消螨酚	dinex	杀螨剂、杀虫剂	0.01*	未登记
155	辛硫磷	phoim	杀虫剂	0.05	登记

（续）

序号	农药中文名称	农药英文名称	功能	最大残留限量/(mg/kg)	是否登记
156	溴甲烷	methyl bromide	熏蒸剂	0.02*	禁用
157	氧乐果	omethoate	杀虫剂	0.02	禁用
158	乙酰甲胺磷	acephate	杀虫剂	0.02	禁用
159	乙酯杀螨醇	chlorobenzilate	杀螨剂	0.01	未登记
160	抑草蓬	erbon	除草剂	0.05*	未登记
161	茚草酮	indanofan	除草剂	0.01*	未登记
162	蝇毒磷	coumaphos	杀虫剂	0.05	禁用
163	增效醚	piperonyl butoxide	增效剂	1	未登记
164	治螟磷	sulfotep	杀虫剂	0.01	禁用
165	艾氏剂	aldrin	杀虫剂	0.05	禁用
166	滴滴涕	DDT	杀虫剂	0.05	禁用
167	狄氏剂	dieldrin	杀虫剂	0.02	禁用
168	毒杀芬	camphechlor	杀虫剂	0.05*	禁用
169	六六六	HCH	杀虫剂	0.05	禁用
170	氯丹	chlordane	杀虫剂	0.02	未登记

（续）

序号	农药中文名称	农药英文名称	功能	最大残留限量/(mg/kg)	是否登记
171	灭蚁灵	mirex	杀虫剂	0.01	未登记
172	七氯	heptachlor	杀虫剂	0.01	未登记
173	异狄氏剂	endrin	杀虫剂	0.05	未登记

注：＊表示该限量为临时限量。

图书在版编目（CIP）数据

绿色食品温岭西瓜标准化生产技术手册 / 郑蔚然等主编. -- 北京：中国农业出版社，2025. 6. -- ISBN 978-7-109-33436-6

Ⅰ. S651-62

中国国家版本馆 CIP 数据核字第 2025V8D151 号

绿色食品温岭西瓜标准化生产技术手册
LÜSE SHIPIN WENLING XIGUA BIAOZHUNHUA SHENGCHAN JISHU SHOUCE

中国农业出版社出版

地址：北京市朝阳区麦子店街 18 号楼

邮编：100125

责任编辑：周晓艳　耿韶磊

版式设计：小荷博睿　责任校对：吴丽婷

印刷：中农印务有限公司

版次：2025 年 6 月第 1 版

印次：2025 年 6 月北京第 1 次印刷

发行：新华书店北京发行所

开本：787mm×1092mm　1/24

印张：$3\frac{1}{3}$

字数：40 千字

定价：30.00 元